BEI GRIN MACHT SICH IHR WISSEN BEZAHLT

- Wir veröffentlichen Ihre Hausarbeit, Bachelor- und Masterarbeit

- Ihr eigenes eBook und Buch - weltweit in allen wichtigen Shops

- Verdienen Sie an jedem Verkauf

Jetzt bei www.GRIN.com hochladen und kostenlos publizieren

Benjamin Gill

Quantitativer Flächeninhaltsvergleich mit willkürlich gewählten Einheitsmaßen. Können verschiedene Flächen den gleichen Flächeninhalt haben?

GRIN Verlag

Bibliografische Information der Deutschen Nationalbibliothek:

Die Deutsche Bibliothek verzeichnet diese Publikation in der Deutschen National-
bibliografie; detaillierte bibliografische Daten sind im Internet über http://dnb.d-
nb.de/ abrufbar.

Impressum:

Copyright © 2005 GRIN Verlag GmbH
Druck und Bindung: Books on Demand GmbH, Norderstedt Germany
ISBN: 978-3-638-65810-2

Dieses Buch bei GRIN:

http://www.grin.com/de/e-book/45605/quantitativer-flaecheninhaltsvergleich-mit-
willkuerlich-gewaehlten-einheitsmassen

GRIN - Your knowledge has value

Der GRIN Verlag publiziert seit 1998 wissenschaftliche Arbeiten von Studenten, Hochschullehrern und anderen Akademikern als eBook und gedrucktes Buch. Die Verlagswebsite www.grin.com ist die ideale Plattform zur Veröffentlichung von Hausarbeiten, Abschlussarbeiten, wissenschaftlichen Aufsätzen, Dissertationen und Fachbüchern.

Besuchen Sie uns im Internet:

http://www.grin.com/

http://www.facebook.com/grincom

http://www.twitter.com/grin_com

Studienseminar Hameln

für das Lehramt an Grund-, Haupt- und Realschulen

Prüfungsunterlagen für die zweite Staatsprüfung

für das Lehramt an Grund-, Haupt- und Realschulen gemäß PVO – Lehr II

Ort   : Grundschule Papenschule (Papenstraße, 31785 Hameln, 05151/ 202587)

Datum : 06.10.2005

Mitglieder des Prüfungsausschusses:

Prüfungsvorsitzender	: Herr XXXX
Leiter des pädagogischen Seminars	: Herr XXXX
Fachseminarleiterin im Fach Mathematik	: Frau XXXX
Fachseminarleiter im Fach Sport	: Herr XXXX
Schulleiterin	: Frau XXXX

Inhalt:

I.   Unterrichtsentwurf für den Prüfungsunterricht im Fach

MATHEMATIK

Zeit   : 8.40 – 9.25 Uhr

Klasse   : 3b

Thema:

Quantitativer Flächeninhaltsvergleich mit willkürlich gewählten Einheitsmaßen –
„Können verschiedene Flächen den gleichen Flächeninhalt haben?"

INHALTSVERZEICHNIS

Klasse	: 3b (21 Schülerinnen und Schüler, davon 9 Mädchen und 12 Jungen)
Zeit	: 8.40 – 9.25 Uhr (2. Stunde)
Fachlehrerin	: Frau XXXX
Fachseminarleiterin	: Frau XXXX

1.THEMA DER UNTERRICHTSEINHEIT

Einführung in den geometrischen Größenbereich Flächeninhalt. – Aufbau des Flächeninhaltsbegriffs durch qualitative und quantitative Größenvergleiche von Flächen.

2. LERNZIELE DER UNTERRICHTSEINHEIT

Übergeordnetes Lernziel der Unterrichtseinheit :

Durch das Gewinnen konkreter Erfahrungen zum qualitativen und quantitativen Vergleichen von Flächen sollen die Schülerinnen und Schüler eine konkrete Begriffsvorstellung vom Flächeninhalt ausbilden und so ihr räumliches Vorstellungsvermögen fördern.

Die Schülerinnen und Schüler sollen im Einzelnen...

- o die Begriffe Linie, Fläche und Flächeninhalt sprachlich genau unterscheiden können.

- o wissen, wie man verschiedene Flächen durch Zerschneiden, Zusammensetzen und Aufeinanderlegen bezüglich ihres Flächeninhaltes direkt miteinander vergleichen kann.

- o durch den indirekten Vergleich von Flächen mit Hilfe nicht standardisierter Maßeinheiten die Individualität der Körpermaße erkennen und Einsicht in die Notwendigkeit standardisierter Maßeinheiten erlangen.

- o lernen, eine Fläche in sinnvolle Teilfiguren (Einheitsquadrate) zerlegen zu können (Förderung der Figur-Grund-Diskrimination) und so den Flächeninhalt zu bestimmen.

- o **das Prinzip der Flächeninvarianz begreifen, indem sie lernen, dass verschieden begrenzte Flächen sowie Flächen mit unterschiedlichen Ausdehnungen den gleichen Flächeninhalt haben können.**

- o lernen, durch das Spannen von Gummiringen, die den Umriss einer Fläche bilden, verschiedene Flächen mit dem gleichen Flächeninhalt am Geobrett darzustellen.

- o lernen, den Flächeninhalt in der ikonischen Darstellung vorgegebener Figuren mit Hilfe des Geobrettes bestimmen zu können.

o die verschiedenen Lernziele der Unterrichtseinheit nach individueller Schwerpunktbildung weiter ausbilden und festigen, so dass ihre visuelle Wahrnehmungsfähigkeit weiter geschult wird.

3. STELLUNG DER STUNDE IN DER UNTERRICHTSEINHEIT

(1) Entwicklung von Vorstellungen zu den Begriffen „Fläche" und „Flächeninhalt".

(2) Qualitativer Flächeninhaltsvergleich durch Zerlegen und Zusammensetzen. – „Passt der Teppich in das Wohnzimmer?"

(3) Messen mit willkürlichen Maßeinheiten. - Quantitativer Flächeninhaltsvergleich von Alltagsgegenständen mit Hilfe der eigenen Körpermaße.

(4) Erste Wege zur mathematischen Berechnung des Flächeninhalts mit willkürlich gewählten Einheitsmaßen.

(5) Quantitativer Flächeninhaltsvergleich mit willkürlich gewählten Einheitsmaßen – „Können verschiedene Flächen den gleichen Flächeninhalt haben?"

(6) Einführung des Geobrettes

(7) Flächenvergleich am Geobrett

(8) Vielfältige Übungen zum quantitativen Flächeninhaltsvergleich von Figuren (Doppelstunde)

4. THEMA DER UNTERRICHTSSTUNDE

Quantitativer Flächeninhaltsvergleich mit willkürlich gewählten Einheitsmaßen –
„Können verschiedene Flächen den gleichen Flächeninhalt haben?"

5. LERNZIEL DER UNTERRICHTSSTUNDE

Die Schülerinnen und Schüler sollen über die Arbeit mit Maßeinheiten das Prinzip der Flächeninvarianz begreifen, indem sie lernen, dass verschieden begrenzte Flächen sowie Flächen mit unterschiedlichen Ausdehnungen den gleichen Flächeninhalt haben können.

6. AUSFÜHRUNG DER KLASSENSITUATION

Ich kenne die Klasse 2b seit Beginn meiner Ausbildung im Mai 2004. Seit Anfang des Schuljahres 2004/2005 unterrichte ich wöchentlich fünf Stunden eigenverantwortlich das Fach Mathematik. Die Lerngruppe setzt sich aus 9 Mädchen und 12 Jungen zusammen. Von diesen 21 Kindern sind 13 ausländischer Herkunft. In Bezug auf das Fach Mathematik kann ich diesbezüglich keine signifikanten Leistungsunterschiede zwischen Kindern deutscher und nicht deutscher Herkunft beobachten. Allerdings wirkt sich dieser Umstand sehr deutlich im sprachlichen Bereich aus. Das hat zur Folge, dass es bei der Bearbeitung von Aufgaben, die ein gewisses Textverständnis erfordern, teilweise zu erheblichen Differenzen im Lerntempo kommen kann. Aus diesem Grund erachte ich es für notwendig, bestimmte Arbeitsaufträge im Fach

Mathematik zu visualisieren (vgl. 10.Methodische Begründungen). Gleichzeitig leite ich die Schüler aber dazu an, schrittweise ihre Kompetenzen in diesem Bereich weiter auszubilden. Insgesamt beobachte ich in der Klasse eine motivierte Lern- und Arbeitsatmosphäre. Dem Fach Mathematik stehen die meisten Schüler aufgeschlossen und positiv gegenüber. Allerdings erlebe ich die Klasse als überaus lebhaft. Einigen Schülern fällt es schwer, sich an vereinbarte Gesprächsregeln zu halten, sodass sie unaufgefordert in die Klasse hineinreden (u.a. XXXX, XXXX). Andere Schüler wiederum haben Probleme sich in Gesprächsphasen zu konzentrieren und den Mitschülern schweigend und zuhörend zu folgen (u.a. XXXX, XXXX, XXXX). Insgesamt ist zu beobachten, dass die Schüler in Phasen der gemeinsamen Reflexion und Auswertung noch wenig Selbständigkeit zeigen, um ein gemeinsames konstruktives Gespräch führen zu können. Aus diesem Grund muss ich noch bewusst Impulse setzen und Unterrichtsgespräche lenkend führen (vgl. 10.Methodische Begründungen)

In den letzten Monaten habe ich gezielt in diesem Bereich mit den Schülern gearbeitet und einige Rituale eingeführt, um einen möglichst störungsfreien Unterricht durchzuführen. Außerdem habe ich gemeinsam mit den Schülern und Frau XXXX einen Klassenvertrag aufgestellt, der grundlegende Verhaltensregeln beinhaltet. Als eine intervenierende Maßnahme bei wiederholter Nichtbeachtung des Klassenvertrages schreibe ich den Namen des betroffenen Schüler an die Tafel. Zu Beginn der Woche hänge ich vier kleine Sterne an die Tafel. Sobald zwei Namen an der Tafel stehen, entferne ich einen Stern. Befinden sich am Ende der Woche noch Sterne an der Tafel, so erfolgt für die Klasse eine Belohnung in Form eines Kopfrechen-Spiels („Mathe-Fußball"). Dadurch hat sowohl das negative als auch das positive Handeln des Einzelnen eine direkte Auswirkung für die Gruppe.

Einzelnen Schülern, wie zum Beispiel XXXX, XXXX, XXXX und XXXX fällt es gelegentlich schwer, sich kontinuierlich und konzentriert einer Aufgabe zu widmen. Sie fallen dann häufig durch Beschäftigung mit anderen Dingen auf und müssen von mir wiederholt an ihren Arbeitsauftrag erinnert werden. In handlungsorientierten und entdeckenden Phasen des Unterrichts kommt dieses nicht so stark zum Ausdruck (vgl. 9.Didaktische Begründungen).

Außerdem beobachte ich in dieser Klasse eine starke Lehrerzentrierung. Dies äußerst sich in der Form, dass zahlreiche Schüler meine Hilfe einfordern, bevor sie sich selbständig Arbeitsaufträge erschließen bzw. ihren Tischnachbarn befragen. Um die Schüler zu mehr Selbständigkeit anzuleiten und mich in der Lehrerrolle zu entlasten, habe ich in der Klasse, das Klammersystem eingeführt. Dieses System ermöglicht mir, den Schülern strukturiert helfen zu können. Weitere Maßnahmen („Tisch des Monat", „grüne und rote Punkte" u.a.), die ich hier nicht detailliert aufführen kann, unterstützen einen effektiven und störungsarmen Mathematikunterricht.

Die Schüler sind mit den in der Stunde auftretenden Arbeits- und Sozialformen vertraut. Probleme haben die Schüler noch bei der selbständigen zeitlichen Planung ihrer Arbeitsschritte. Aus diesem Grund ist es notwendig, dass ich ihnen verschiedene akustische (Glocke) und symbolische (Symbolkarten) Orientierungs- Hilfen gebe (vgl. 10. Methodische Begründungen).

Das Leistungs- und Abstraktionsvermögen sowie das Arbeitstempo sind bei den Schülern sehr unterschiedlich ausgeprägt. Wobei sich dieses im Bereich der Geometrie in anderer Form äußert als im Bereich der Arithmetik. So gibt es Schüler, wie z.B. XXXX und XXXX, die in der Arithmetik erhebliche Lernschwierigkeiten haben, im Gegensatz dazu aber Inhalte aus der Geometrie überdurchschnittlich schnell aufnehmen können. In der Regel begegne ich diesen Unterschieden durch verschiedene qualitative und quantitative Differenzierungsmaßnahmen (vgl. 10.Methodische Begründungen). Eine besonders schnelle Auffassungsgabe in vielen mathematischen Bereichen haben XXXX, XXXX, XXXX und XXXX, die Zusammenhänge schnell erkennen und Bekanntes auf neue Inhalte übertragen können. Außerdem können sie dem Lernprozess der Klasse durch ihre differenzierten mündlichen Beiträge entscheidende Anstöße geben.

7. INHALTLICHE LERNVORAUSSETZUNGEN

Zu den thematischen Inhalten Flächen, Flächeninhalt sowie Flächeninvarianz bringen die Schüler bestimmte Lernvoraussetzungen mit, die für diese Stunde von Bedeutung sind:

Erlernte Kompetenzen aus vorangegangenen Unterrichtseinheiten:

a) Unterrichtseinheit „Tangram" (Ende des 1.Schuljahres)

- Auslegen verschiedener Flächen mittels geometrischer Formen (vgl. 8.Sachanalyse) sowie Nachlegen im verkleinerten Maßstab dargestellter Figuren

- (Gedankliches) Zerlegen von Flächen in Teileinheiten (Figur-Grund-Diskrimination)

- Kennenlernen grundlegender Eigenschaften sowie begriffliche Zuordnung geometrischer Formen

b) Unterrichtseinheit mit dem Thema „Achsensymmetrie" (Ende des 2.Schuljahres)

- Umgang mit geometrischen Plättchen

- Erstellen von zwei deckungsgleichen Flächen durch Falten, Schneiden, Legen, Spiegeln und Zeichnen (erste Erfahrung zum Prinzip der Flächeninvarianz)

- Ausbau mehrerer Elemente der visuellen Wahrnehmungsfähigkeit (vgl. 9.Didaktische Begründungen)

- Umgang mit Methoden des Vermutens und Schätzens

c) Unterrichtseinheit zum Thema Längen (Mitte des 2.Schuljahres)

- Umgang mit dem Lineal

Erlernte Kompetenzen aus dieser Unterrichtseinheit

- Sprachliches Unterscheiden der Begriffe Fläche und Flächeninhalt

- Fähigkeit, zwei unterschiedliche Flächen bezüglich ihres Inhalts qualitativ miteinander vergleichen zu können.

- Einsicht, zum Messen und Vergleichen des Flächeninhaltes ein einheitliches Maß verwenden zu müssen

- Fähigkeit, den Flächeninhalt geometrischer Flächen mit einem Einheitsquadrat bestimmen zu können.

Insgesamt konnte ich bisher beobachten, dass die Einsicht der Schüler in das Prinzip der Flächeninvarianz (vgl. 8.Sachanalyse) nur begrenzt ausgeprägt ist.

Im Rahmen der Unterrichtseinheit zum Thema Achsensymmetrie konnte ich eine relativ starke Heterogenität im Bereich des geometrischen Denk- und Vorstellungsvermögen beobachten. Nach der Erkenntnistheorie Piagets (vgl. Lauter 1997) befinden sich jedoch alle Schüler zumindest auf oder über der Stufe des symbolisch-anschaulichen Denkens (vgl. 9.Didaktische Begründungen). Es gibt eine Reihe von Schülern, die sich bereits auf der Stufe des logisch konkreten Denkens befinden (u.a. XXXX, XXXX, XXXX, XXXX).

8. SACHINFORMATIONEN

Im Zentrum dieser Stunde steht das Vergleichen unterschiedlicher *Flächen* über das Ausmessen ihres jeweiligen *Flächeninhaltes*. Durch verschiedene Übungen (vgl. 10.Methodische Begründungen) sollen die Schüler das Prinzip der *Flächeninvarianz* begreifen. Im Folgenden möchte ich diese drei mathematischen Begriffe näher definieren.

Unter *Fläche* versteht man ein beliebig gekrümmtes oder ebenes Gebilde im Raum, insbesondere jede Begrenzung (Oberfläche) einer räumlichen Figur (vgl. Meyer Großes Taschenlexikon, S. 108).

Flächeninhalte gehören wie Längen und Rauminhalte zu den geometrischen Größen.

> „Der Flächeninhalt einer ebenen Figur wird durch die Anzahl der in ihr enthaltenen Einheitsquadrate bestimmt. Den Flächeninhalt einer Fläche F zu bestimmen, heißt, der Fläche F eine reelle Zahl $m(F)$ zuzuordnen (Maßfunktion), die folgende Eigenschaften hat:
> 1. $m(F)$ ist nicht negativ,
> 2. $m(F1) = m(F2)$, falls F1 kongruent F2,
> 3. $m(F) = m(F1) + m(F2)$, falls F aus F1 und F2 zusammengesetzt ist.
> [...]Als Maßeinheit für die Flächenberechnung dient das Quadratmeter (Abkürzung qm oder m²). Ein Quadrat mit der Seitenlänge 1 m hat die Fläche 1 qm. Aus der Grundeinheit 1 qm werden abgeleitet: 1 km² [...]1 ha [...] 1a [...] 1 dm² [...] 1 cm² [...] 1 mm²[...]" (Schülerduden 2004, S.256f).

Unter fachdidaktischem Aspekt (Prinzip der Isolation der Schwierigkeiten) sind Vergleiche mit standardisierten Maßeinheiten wie z.B. cm² oder dm² sowie das Berechnen eines Flächeninhaltes über formalisierte Gleichungen aber erst Aufgabe und Inhalt der Schuljahre in der Sekundarstufe I (vgl. Radatz/ Rickmeyer 1991, 70). Im Zentrum der Grundschule steht die Propädeutik der Flächenberechnung, indem Flächeninhalte direkt und indirekt miteinander verglichen werden (Radatz/ Schipper 1983, 154).

Das Prinzip der Flächeninvarianz beschreibt Franke wie folgt:

> „Zwei Flächen haben dann den gleichen Flächeninhalt, wenn sie
> a) deckungsgleich sind, d.h., sie können so übereinander gelegt werden, dass sie sich gegenseitig genau abdecken und von keiner Fläche etwas übersteht,
> b) zerlegungsgleich sind, d.h., jede der Flächen kann in dieselben Teilfiguren zerlegt oder als Umkehrung dazu aus denselben Teilfiguren zusammengesetzt werden,

c) auslegungsgleich sind, d.h., jede Figur kann lückenlos und ohne Überlappen mit der gleichen Anzahl von Einheitsflächen (z.B. Quadraten, Dreiecken oder Sechsecken) ausgelegt werden." (Franke 2000, 246).

Im Rahmen dieser Unterrichtsstunde liegt der Schwerpunkt auf der Erkenntnis, dass zwei Flächen den gleichen Flächeninhalt haben, wenn sie auslegungsgleich sind.

Aufgabenanalyse (vgl. 13.Anhang)

Für sämtliche Aufgaben innerhalb dieser Unterrichtsstunde müssen die Schüler eine Technik zur Bestimmung des Flächeninhaltes beherrschen (vgl. 7.Inhaltliche Lernvoraussetzungen). Dazu legen sie mit ihren Einheitsquadraten (Größe 2 cm²) vorgegebene Flächen vollständig aus. Die Anzahl der Quadrate pro Fläche ergibt den Flächeninhalt. Mit Hilfe dieses Wertes lassen sich Flächeninhalte qualitativ miteinander vergleichen. Bei jeder Aufgabe lassen sich jeweils zwei Flächen mit derselben Plättchenmenge auslegen. Sie sind also auslegungsgleich und haben so denselben Flächeninhalt. „Anders formuliert: Je zwei

Vielecke (Figuren) lassen sich in paarweise kongruente Teilvielecke zerlegen und sind somit zerlegungsgleich." (Radatz/ Rickmeyer 1991, 70f.)

In dieser Stunde werden vornehmlich Einheitsquadrate verwendet. Es ist aber auch möglich, eine Fläche mit Einheitsdreiecken auszulegen. Mehrere Einheitsdreiecke lassen sich zu einem Einheitsquadrat kombinieren (vgl. Abb. 1).

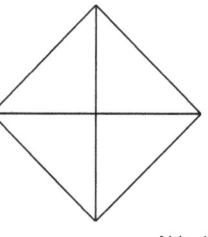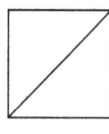

Abb. 1

Bei allen Arbeitsblättern (vgl. 13.Anhang) soll das Auslegen der unterschiedlichen Flächen zunächst in der Vorstellung vollzogen werden, bevor die Schüler ihre Vermutungen handelnd überprüfen (vgl. 9.Didaktische Begründungen).

Der Schwierigkeitsgrad der Aufgaben unterscheidet sich zum einen durch die Komplexität und Größe der Flächen. Ferner können die Flächen auf dem erschwerten Arbeitsblatt nicht mehr direkt ausgelegt werden (vgl. 13.Anhang, A5). Damit die Schüler ihre Vermutungen überprüfen können, müssen sie die vorgegebenen Flächen mit ihren Einheitsquadraten nachlegen oder auf der ikonischen Ebene Einheitsquadrate mit der Größe 1 cm² einzeichnen. Der Übergang von der enaktiven Ebene in die ikonische (vgl. 9.Didaktische Begründungen) wird gezielt durch den zweiten Teil der jeweiligen Arbeitsblätter gefördert. Hier sollen die Schüler verschiedene Flächen mit dem gleichen Flächeninhalt in Karoraster bzw. Punktraster einzeichnen. Auf dem Arbeitsblatt mit geringerem Schwierigkeitsgrad können die Schüler hierzu ihre Einheitsquadrate als didaktische Hilfe verwenden, indem sie diese direkt auf das Karoraster legen (vgl. 13.Anhang, A4). Auf dem Arbeitsblatt mit erhöhtem Schwierigkeitsgrad können die Schüler auf diese Hilfe nicht zurückgreifen, da das Karoraster in einem veränderten Maßstab vorliegt (vgl. 13.Anhang, A5). Natürlich besteht die Möglichkeit, die Flächen wieder mit Einheitsquadraten nachzulegen und dann in das Raster zu übertragen. Ich gehe jedoch davon aus, dass der Großteil der Schüler die Flächen direkt in der ikonischen Ebene wiedergibt.

Ferner steht allen Schülern eine „Flächen-Kartei" zu Verfügung (vgl. 10.1.Differenzierung). Diese beinhaltet in dieser Unterrichtsstunde verschiedene Aufgaben zur Förderung der Einsicht in das Prinzip der Flächeninvarianz (vgl. 13.Anhang, A6 und Abb.3). Aufgabe der Schüler ist es, die jeweiligen Flächen – dargestellt in rot und gelb – miteinander bezüglich ihres Flächeninhaltes in Beziehung zu setzen. Die Überprüfung erfolgt auch hier durch Auslegen der jeweiligen Flächen mit Einheitsquadraten. Die einzelnen Aufgabenkarten unterscheiden sich in ihrem Schwierigkeitsgrad ebenfalls durch die Komplexität sowie Größe der jeweiligen Flächen.

9. DIDAKTISCHE BEGRÜNDUNGEN

Das Thema dieser Unterrichtsstunde „Quantitativer Flächeninhaltsvergleich mit willkürlich gewählten Einheitsmaßen" wird unter den Themenkreis „Geometrie" in das Thema „Geometrische Formen und ihre Eigenschaften" eingegliedert (Der Niedersächsische Kultusminister 1984, S.59ff.). Aufgaben und Ziele dieses Themenkreises sind es, vielfältige räumliche Erfahrungen zu ermöglichen und dadurch das geometrische Vorstellungsvermögen anzubahnen sowie auszubilden. Im Vordergrund steht, dass die Schüler selbständig Erfahrungen sammeln (vgl. 10.Methodische Begründungen) und dadurch zu einem anschaulichen Erwerb geometrischer Grunderfahrungen kommen.

Als Inhalte und Ziele sind vorgesehen „Figuren durch Auslegen, Zerschneiden, Aufeinanderlegen bezüglich ihres Flächeninhaltes" zu vergleichen sowie die Flächeninhalte von Figuren mit Hilfe geeigneter Maßeinheiten zu vergleichen und zu unterscheiden (Der Niedersächsische Kultusminister 1984, S.66).

Der Inhalt dieser Stunde findet seine Legitimierung ebenfalls durch die Beschlüsse der Kultusministerkonferenz vom 15.10.2004. Dort wird als Bestandteil inhaltsbezogener mathematische Kompetenzen folgender Bildungsstandard gefordert, den Schüler am Ende der 4.Jahrgangsstufe beherrschen sollen: „… die Flächeninhalte ebener Figuren durch Zerlegen vergleichen und durch Auslegen mit Einheitsflächen messen, …" (Beschlüsse der Kultusministerkonferenz 2005).

Die meisten Schüler im Grundschulalter haben nur unzureichende Vorstellungen vom Flächenbegriff oder dem Terminus „Flächeninhalt" (vgl. Radatz/ Schipper 1998, 141 und 7.Inhaltliche Lernvoraussetzungen). Aus weiterführenden Schulen ist bekannt, dass viele Schüler Schwierigkeiten mit der Flächenberechnung haben. Sie wenden zur Berechnung oftmals rein mechanisch Formeln an, ohne sich des Zustandekommens bewusst zu sein (Radatz/ Schipper 1999, 152f). Der Grund liegt unter anderem darin, dass viele Schüler in der Grundschule nicht ausreichend Gelegenheit zur Ausbildung von Flächenvorstellungen erhalten. Somit treten Unsicherheiten sowohl darin auf, was unter der Größe einer Fläche zu verstehen ist, als auch im Schätzen von Flächeninhalten. „Eine propädeutische Behandlung des Flächeninhaltsbegriffs in der Grundschule ist daher unbedingt notwendig, wenn man den Schülern ein besseres Verständnis für diesen Begriff vermitteln will" (Fraedrich 1991, 20).

Um den Schülern konkrete Vorstellungen von den abstrakten Begriffen Fläche und Flächeninhalt zu vermitteln, ist es von grundlegender Bedeutung, dass sie das Prinzip der Flächeninvarianz begreifen (vgl. Radatz/ Schipper 1999, 153). Durch die Erkenntnis, dass unterschiedliche

Flächen den gleichen Flächeninhalt haben können, lernen sie diese beiden Termini schärfer voneinander unterscheiden zu können (vgl. Radatz/ Rickmeyer 1991, 71).

Das Sammeln von Erfahrungen zum quantitativen Flächeninhaltsvergleich als Thema dieser Stunde stellt eine wichtige Stufe bei der didaktischen Stufenfolge zur Einführung des Größenbereichs des Flächeninhalts dar (Fraedrich 1991, 22). Die Schüler können ihre gesammelten Erfahrungen und Erkenntnisse (vgl. 7.Inhaltliche Lernvoraussetzungen) anwenden, um die Probleme selbstständig zu lösen, Strategien zu entwickeln oder anzuwenden und ihre Kenntnisse zu festigen oder neue hinzuzugewinnen (heuristisches Prinzip).

Ferner habe ich mich für diesen Unterrichtsinhalt entschieden, da er im besonderen Maße dazu geeignet ist, mehrere Bereiche der visuellen Wahrnehmungsfähigkeit (vgl. Frostig 1978, 120) auszubilden. So werden durch das Legen und Auslegen einer Figur mit Plättchen Fähigkeiten der visumotorischen Koordination gefördert. Diese wiederum ist Voraussetzung für viele Handlungen. Beim Schreiben von Zahlen und Buchstaben sowie zeichnerischen Darstellungen ist diese Fähigkeit gefordert. Weiter werden Fähigkeiten der Figur-Grund-Diskrimination gefördert, indem die Schüler Flächen in der Vorstellung und handelnd in Teilfiguren zerlegen, um somit den Flächeninhalt einer Fläche festzustellen. Ein Mangel in der Figur-Grund-Diskrimination kann bereits im pränumerischen Bereich das Strukturieren von und das Umgehen mit Mengen erschweren sowie Lücken in der Raumorientierung hinterlassen. Durch die veränderte Lage sowie unterschiedliche Farbgebung der Flächen wird außerdem noch die Fähigkeit der Wahrnehmungskonstanz gefördert (vgl. Abb.3).

Abb. 3: Aufgabenbeispiel (Kartei)

Visuelle Wahrnehmungsfähigkeit spielt nicht nur in der Geometrie eine entscheidende Rolle, sie ist auch beim Lesen- und Schreibenlernen sowie in der Arithmetik, etwa beim Erkennen und Operieren mit den vielen Darstellungen und Veranschaulichungen, relevant. Teilleistungsschwächen beim Operieren, Erkennen und Speichern visueller Informationen können fatale Folgen für das Verstehen in vielen Unterrichtsfächern haben (vgl. Radatz/ Rickmeyer 1991, S.15).

Durch das Einbeziehen von Vermutungen über den Flächeninhalt (vgl. 10. Methodische Begründungen) von Figuren intendiere ich eine Abstraktion vom simplen sensomotorischen Tun zum inneren systematischen Operieren mit geometrischen Objekten auf einer höheren Stufe (vgl. Lauter 1997). Über diesen Weg erhoffe ich mir eine gezielte Förderung des visuellen Vorstellen, Operieren und Speichern und damit der Raumvorstellung insgesamt.

Die Erkenntnisse der Entwicklungspsychologie bilden eine weitere Grundlage für die Auswahl der Lerninhalte dieser Einheit. Die Schüler meiner Lerngruppe, die sich im Alter von sieben bis acht Lebensjahren bewegen (vgl. 7.Inhaltliche Lernvoraussetzungen), befinden sich in der wichtigen Übergangsphase von der Stufe des symbolisch-anschaulichen Denkens (präoperatorisches Stadium) in die Stufe des logisch-konkreten Denkens (konkret-operatives Stadium). In dieser Phase sind die Schüler besonders aufnahmefähig für konkrete reversible Operationen (vgl. 10.Methodische Begründungen). Deutliche Aspekte der Raumvorstellung treten in diesem Lebensalter hervor und müssen gefördert werden (vgl. Maier 1999). Da sich das räumliche Vorstellungsvermögen zwischen dem 7. und 13.Lebensjahr besonders stark entwickelt (vgl. Besuden 1973), gewinnt die Behandlung des Themas Flächeninvarianz in dieser Lerngruppe eine fundamentale Bedeutung.

Aufgrund Bruners Erkenntnissen zur Bedeutung der drei Repräsentationsformen (vgl. Lauter 1997) habe ich mich dazu entschlossen, auch die zeichnerische Ebene mit einzubeziehen (vgl. 8.Sachanalyse). Damit aus den gewonnenen Handlungserfahrungen Einsichten in mathematische Zusammenhänge und Verfahren werden, müssen die Tätigkeiten der Schüler in bildhafte und symbolische Darstellungsformen übertragen werden (vgl. Der Niedersächsische Kultusminister 1984, S.7). Das Zeichnen auf Karopapier ermöglicht den Schülern ein schnelles und einfaches Ermitteln des Flächeninhaltes (vgl. 10.Methodische Begründungen). Beim späteren Arbeiten im Heft der Schüler kann eine Orientierung an diesen Kästchen erfolgen. Um die Schüler auf die Arbeit mit dem Geobrett vorzubereiten, sollen sie eine Fläche in ein Punkteraster einzeichnen.

Fernen werden in dieser Unterrichtsstunde folgende allgemeinen mathematischen Kompetenzen der Schüler gefördert:

- *Argumentieren bzw. Kommunizieren*, indem sie Aufgaben gemeinsam bearbeiten, ihren Mitschülern Lösungsansätze mitteilen sowie begründen und indem sie Aussagen überprüfen
- *Problemlösen*, indem sie selbstständig durch Probieren Lösungsstrategien entwickeln
- *Mathematisieren*, indem sie ein praktisches Problem lösen,
- *Ordnen*, indem sie verschiedene Flächen mit dem gleichen Flächeninhalt zusammenfassen und von Flächen mit unterschiedlichem Flächeninhalt unterscheiden
- *Analogisieren*, indem sie gelernte Begriffsbildungen und Verfahren bei der Lösung der Aufgaben anwenden.

Diese Stunde bildet somit mit den anderen Stunden der Unterrichtseinheit ein Fundament für den zukünftigen Mathematikunterricht („Spiralcurriculum").

10. METHODISCHE BEGRÜNDUNGEN

Bezüglich der methodischen Planung dieser Unterrichtsstunde habe ich mich an den Prinzipien des aktiv-entdeckenden Lernens orientiert. Dabei spielt für mich der Grundsatz eine entscheidende Rolle, die Schüler zu befähigen, Hindernisse und Probleme selbständig aus dem Weg räumen zu können. Die Schüler lernen aus eigener Kraft mit gelegentlicher Hilfestellung des Lehrers oder der Mitschüler, Probleme zu bewältigen und Lösungen zu entwickeln (vgl. Wittmann 1995).

Ferner orientiere ich mich in besonderem Maße am operativen Prinzip nach J.Piaget (vgl. Lauter 1997). Dieses Unterrichtsprinzip eignet sich hervorragend, anknüpfend an konkrete Handlungserfahrungen, geistige Operationen herauszubilden.

Das zentrale Ziel der Stunde ist die Ausbildung des operativen Denkens der Schüler, indem sie das Prinzip der Flächeninvarianz begreifen (vgl. 4.Lernziel der Stunde). Um dieses erreichen zu können, muss ich ihnen konkrete sowie individuell anspruchsvolle Handlungsmöglichkeiten anbieten, denn erst auf der Grundlage vielfältiger konkreter Erfahrungen lassen sich Handlungen allmählich in der Vorstellung vollziehen (vgl. 9.Didaktische Begründungen). Auch die Niedersächsischen Rahmenrichtlinien fordern das konkrete Handeln der Schüler auf der Grundlage eigener Erfahrungen, um mathematische Begriffe und Zusammenhänge begreifen zu können (vgl. Der Niedersächsische Kultusminister 1984, S.7).

Das methodische Vorgehen, Flächen bezüglich ihres Flächeninhaltes durch (gedankliches) Auslegen mit Einheitsquadraten qualitativ miteinander zu vergleichen, eignet sich meiner Meinung nach hervorragend um möglichst effektiv diese Ziele erreichen zu können (vgl. 8.Sachanalyse).

Ausgehend von diesen Erkenntnissen ergibt sich für die Organisationsstruktur dieser Stunde ein fünfstufiges Phasenschema: Hinführung, Erarbeitung, Zwischenreflexion, Festigung, Sicherung.

Um die Schülerkompetenzen im Bereich des Mathematisierens zu fördern (vgl. 9.Didaktische Begründungen) sowie ihre Motivation für die Aufgabenstellung zu aktivieren, werde ich ihnen in der **Phase der Hinführung** eine kurze Geschichte (vgl. 13.Anhang, A1) erzählen, welche ein Problem schildert, das ich mit Hilfe der Schüler lösen möchte. Zur Veranschaulichung werde ich den Schülern die beiden Grundflächen in vergrößerter Form demonstrieren.

In der anschließenden **Erarbeitungsphase** setzen sich die Schüler, im Sinne des entdeckenden Lernens, handelnd mit der Problematik auseinander (vgl. 13.Anhang, A2). Ich habe mich für diese offene Variante entschieden, um jedem Schüler die Zeit und den Raum zu ermöglichen, sich konkret handelnd mit dem neuen Unterrichtsgegenstand auseinander zu setzen. Die Schüler können dabei ihre, in dieser Einheit erworbenen Kenntnisse, Fertigkeiten und Fähigkeiten gezielt anwenden (vgl. 7.Inhaltliche Lernvoraussetzungen) und so ihr Problemlöseverhalten individuell weiterentwickeln (vgl. 9.Didaktische Begründung). Ich gehe davon aus, dass sie relativ schnell die Idee entwickeln, die Grundflächen der Zimmer qualitativ miteinander zu vergleichen. Dazu werden sie die beiden Flächen mit Einheitsquadraten auslegen, um den jeweiligen Flächeninhalt bestimmen zu können. Mit der Hilfe dieser beiden Werte sollten sie nun in der Lage sein, die beiden Flächen bezüglich ihrer Größe miteinander in Beziehung zu setzen (vgl. 8.Sachanalyse). Da ich bewusst zwei Flächen ausgewählt habe, die trotz unterschiedlicher Form den gleichen Flächeninhalt haben, erhalten die Schüler in dieser Phase eine gezielte Einsicht in das Prinzip der Flächeninvarianz (vgl. 9.Didaktische Begründungen).

Die Phase der **Zwischenreflexion** dient der wichtigen Funktion, sich über die gefundenen Lösungsansätze auszutauschen (vgl. 9.Didaktische Begründungen). Im Sinne der Symbolisierung (vgl. Bruner 1972) sollen die Schüler lernen, ihr konkretes Handeln zu verbalisieren, indem sie ihren Mitschülern ihren Lösungsweg erläutern und demonstrieren. Das Prinzip der Flächeninvarianz wird somit versucht, in einfache Worte zu fassen.

Die daran anschließende Phase der **Festigung** dient dazu, den Schülern die Möglichkeit zu geben, die gesammelten Erkenntnisse der Zwischenreflexion praktisch anzuwenden. Hierzu erhält zunächst jeder Schüler das gleiche Arbeitsblatt, auf dem drei verschiedene Flächen abgebildet sind (vgl. 13.Anhang, A3). Durch Auslegen der jeweiligen Flächen sollen die Schüler nun herausfinden, welche beiden Flächen gleich groß sind. Um eine schrittweise Verbindung von der konkreten Handlungsebene in die abstrakte kognitive Ebene zu schaffen, habe ich mich dazu entschlossen, die Schüler vor dem Überprüfen eine Vermutung anstellen zu lassen (vgl. 9.Didaktische Begründungen). Als geeignetes Mittel zur Veranschaulichung habe ich hierfür eine kleine tabellarische Übersicht gewählt (vgl. 13.Anhang, A3). Hier können die Schüler zunächst ihre Vermutungen eintragen und diese dann später mit ihren Beobachtungen vergleichen. Um das operative (reversible) Denken der Schüler gezielt zu fördern (vgl. 9.Didaktische Begründungen), sollen sie abschließend mit ihren Einheitsquadraten eine Fläche mit dem gleichen Flächeninhalt legen und aufkleben. In der Folge strukturieren die Schüler ihren Arbeitsprozess weitgehend selbständig, indem sie aus den bereit gelegten Arbeitsblättern sowie Karteikarten (vgl. 10.1. Differenzierung) verschiedene Aufgaben auswählen (vgl. 13.Anhang, A4, A5 und A6). Damit die Schüler ihre Lösungen selbständig kontrollieren können, hänge ich an der Tafel die entsprechenden Lösungsblätter aus. Meine Aufgabe in dieser Phase wird sein, den Lernprozess der Schüler dadurch zu begleiten, dass ich ihnen bei Bedarf meine Hilfe anbiete. Immer unter dem Motto: „So viel wie nötig, so wenig wie möglich!".

Zum Abschluss der Unterrichtsstunde versammle ich die Schüler noch einmal im Stuhlkreis. Diese Phase der **Sicherung** dient mir zur Überprüfung des Lernzuwachses innerhalb der Lerngruppe. Außerdem bietet sich diese Phase an um die Verbalisierung weiter auszubilden (vgl. 9.Didaktische Begründungen). Um das Verständnis für das Prinzip der Flächeninvarianz zu intensivieren, lege ich den Schülern zwei „Knobelaufgaben" vor (vgl. Abb. 4), die in vergrößerter Form in der Mitte des Stuhlkreises ausliegen. Diese Aufgaben ähneln vom Prinzip den Aufgaben der „Flächen-Kartei" (vgl. 10.1. Differenzierung und 13.Anhang, A6). Einerseits möchte ich dadurch alle Schüler auf die Kartei aufmerksam machen und jeden ermutigen, sich mit diesen Aufgaben auseinander zu setzen. Zum

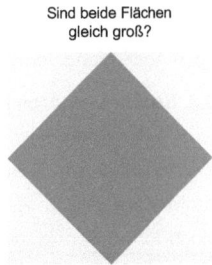

Sind beide Flächen gleich groß?

Abb. 4.: Abschlussaufgabe

anderen habe ich bewusst eine „Transfer-Aufgabe" gewählt, die von den Schülern mit dem bisher erlernten Verfahren nicht zu lösen ist. Sie können die Aufgabe nur lösen, wenn sie erkennen, dass man die jeweiligen Flächen mit Dreiecken auslegen muss (vgl. 8.Sachanalyse). Falls die Schüler zu keinem Lösungsansatz kommen sollten, würde ich als didaktische Hilfe eines der ausgelegten Einheitsquadrate umdrehen. Auf der Rückseite habe ich eine Strecke eingezeichnet, die das Quadrat in zwei Dreiecke unterteilt. Durch die Bearbeitung dieser Aufgabe möchte ich die Schüler auf die Inhalte der zukünftigen Stunden vorbereiten, in denen sie Flächen zusätzlich mit Einheitsdreiecken auslegen müssen. Zur Schaffung einer Transparenz der Unterrichtsinhalte sowie der Lernprozesse der Lerngruppe ziehe ich abschließend ein Stundenfazit und gebe den Schülern einen Ausblick auf die folgende Unterrichtsstunde.

10.1. Differenzierung

Aufgrund der unterschiedlichen Lernvoraussetzungen der Schüler (vgl. 7.Inhaltliche Lernvoraussetzungen) biete ich in dieser Stunde zwei verschiedene Arbeitsblätter (vgl. 13.Anhang, A4 und A5) mit gestuftem Schwierigkeitsgrad an. Außerdem können die Schüler Aufgaben einer „Flächen-Kartei" bearbeiten (vgl. 13.Anhang, A6). Durch die qualitative Differenzierung in Form von „leichten" und „schweren" Aufgaben sowie durch die quantitative

Differenzierung in Form der Flächen-Kartei wird dem unterschiedlichem Lerntempo und Leistungsvermögen der Schüler entsprochen. Somit möchte ich jedem einzelnen ermöglichen, die Aufgaben nach seinem individuellen Lernstand zu lösen (Prinzip der Passung und der inneren Differenzierung).

10.2. Medien

Ich habe bisher die Erfahrung gemacht, dass es für die Schüler eine immense Hilfe ist, den Lernprozess sowie die Arbeitsergebnisse zu dokumentieren und zu visualisieren. Um den individuellen Lernprozess zu veranschaulichen, erhält jeder Schüler zu Beginn der Einheit ein „Flächen-Buch". Dieses Buch haben die Schüler über den kompletten Zeitraum der Unterrichtseinheit bei sich. Sämtliche Arbeitsblätter dieser Stunde heften sie in ihr Buch.

Jeder Schüler besitzt einen Umschlag mit mehreren Einheitsquadraten (Größe 2cm²) in den Farben gelb und rot. Sie bestehen aus festem Tonpapier.

Um eine Transparenz über den Verlauf sowie den Inhalt der Unterrichtsstunde zu schaffen, hänge ich zu Beginn der Stunde verschiedene Symbolkarten an die Tafel. Diese Karten symbolisieren u.a. verschiedene Arbeits- und Sozialformen. Um die Selbständigkeit der Schüler zu fördern und sie schrittweise in den Prozess der Unterrichtsorganisation einzubeziehen, lasse ich den Verlauf der jeweiligen Unterrichtsstunde zu Stundenbeginn von einem Schüler vortragen (vgl. 6.Ausführung der Klassensituation).

10.3. Sozial- und Arbeitsform

Die Schüler dürfen in der Erarbeitungsphase frei wählen, ob sie in Einzel- oder Partnerarbeit arbeiten möchten. Gerade die Partnerarbeit bietet die große Chance, Kompetenzen des Kommunizierens zu fördern (vgl. 9.Didaktische Begründungen). Gleichzeitig erachte ich es jedoch für notwendig, dass jeder einzelne Schüler die Gelegenheit erhält, Flächen auszulegen und gedankliche Flächenzerlegungen durchzuführen (vgl. 9.Didaktische Begründungen). So wähle ich als Arbeitsform in der Phase der Festigung die Einzelarbeit. Als Sozialform wähle ich in den Phasen der Zwischenreflexion sowie der Auswertung den Stuhlkreis. Er bildet eine ideale Form für ein Unterrichtsgespräch und ist sämtlichen Schülern vertraut (vgl.7.Inhaltliche Lernvoraussetzungen).

11. VERLAUFSPLANUNG

Zeit/ Phase	Unterrichtsgeschehen	Arbeits- und Sozialform	Medien
8.40 - 8.43 Begrüßung	Begrüßung der Klasse. LA[1] heftet Symbolkarten zu Unterrichtsphasen dieser Stunde an die Tafel.	Frontal	Symbolkarten
8.43 - 8.47 Hinführung	LA erzählt Einstiegsgeschichte. SuS[2] erhalten ein Arbeitsblatt. LA gibt den Hinweis, dass die SuS ihren Umschlag mit den Einheitsquadraten benutzen dürfen.	Frontal Lehrererzählung	Geschichte (siehe A1), Zwei Flächen aus Tonpapier
8.47 - 8.52 Erarbeitung	SuS versuchen das Problem zu lösen. LA leistet vereinzelt Hilfestellung durch entsprechende Impulsgebung. SuS, die frühzeitig eine Lösung gefunden haben, dürfen Aufgaben aus der Flächen-Kartei bearbeiten.	Einzel-, Partnerarbeit	Arbeitsblatt, Einheitsquadrate, Flächenkartei
8.52 - 9.00 Zwischenreflexion	SuS erläutern und demonstrieren ihre Ergebnisse sowie ihren Lösungsweg. SuS stellen fest, dass zwei Flächen, trotz unterschiedlicher Form, den gleichen Flächeninhalt haben können. LA weist SuS darauf hin, in der Folge zu prüfen, ob das nur für diese beiden Flächen gilt, oder ob es noch weitere Beispiele gibt. LA erläutert den Arbeitsauftrag für die nächste Phase.	Stuhlkreis Klassengespräch Lehrererklärung	Zwei Flächen sowie Einheitsquadrate aus Tonpapier
9.00 - 9.20 Festigung	SuS bearbeiten zunächst das Arbeitsblatt. Anschließend wählen sie, unter Beachtung ihres individuellen Leistungsvermögens, ein weiteres Arbeitsblatt. Kontrolle der Arbeitsblätter erfolgt selbständig an der Tafel. Abschließend bearbeiten die SuS verschiedene Aufgaben der Flächen-Kartei. LA. gibt gegebenenfalls Hilfestellung. LA. beendet Arbeitsprozess durch Einsatz eines akustischen Signals	Schüleraktivität in Einzelarbeit	drei verschiedene Arbeitsblätter, Einheitsquadrate, Bleistift, Radiergummi, Buntstifte, Lineal, Flächen-Kartei
9.20 - 9.25 Sicherung	SuS bearbeiten zusammen mit der Hilfe des LA eine „Knobelaufgabe". LA fragt, wie man denn nun feststellen kann, ob zwei Flächen gleich groß sind. SuS erklären, dass man dazu den Flächeninhalt berechnen bzw. ausmessen muss. Abschließend zieht LA das Stundenfazit, indem er festhält, dass es Flächen gibt, die trotz unterschiedlicher Form, den gleichen Flächeninhalt haben können.	Stuhlkreis gelenktes Unterrichtsgespräch Lehrererklärung	„Knobelaufgabe" und Einheitsquadrate aus Tonpapier

---

[1] Lehramtsanwärter
[2] Schülerinnen und Schüler

12. LITERATUR

Besuden, H.: Zur Raumgeometrie in der Grundschule. Westermanns Pädagogische Beiträge, Heft 7. 1973.

Beschlüsse der Kultusministerkonferenz: Bildungsstandards im Fach Mathematik für den Primarbereich – Beschluss vom 15.10.2004. München, Neuwied 2005.

Der Niedersächsische Kultusminister: Rahmenrichtlinien für die Grundschule Mathematik. Hannover 1984.

Fraedrich, M.: Flächenauslegen in der 1./2. Klasse. In: Grundschule 1991, 2, 20-23.

Franke, M.: Didaktik der Geometrie. Heidelberg, Berlin 2000.

Frostig, M.: Lernprobleme in der Schule. Stuttgart 1978.

Lauter, J.: Fundamentum der Grundschulmathematik. Donauwirth 1997.

Maier, P.H.: Räumliches Vorstellungsvermögen. Frankfurt am Main, Berlin, Bern 1994.

Meyers großes Taschenlexikon Band 7. Mannheim 1995.

Radatz, H./ Rickmeyer K.: Handbuch für den Geometrieunterricht an Grundschulen. Hannover 1991.

Radatz, H/ Schipper W.: Handbuch für den Mathematikunterricht an Grundschulen - 2. Schuljahr. Hannover 1999.

Radatz, H/ Schipper W.: Handbuch für den Mathematikunterricht an Grundschulen - 3. Schuljahr. Hannover 1999.

Rickmeyer, Knut: Flächeninhalt und Geobrett – Anregungen für das dritte und vierte Schuljahr. In: Praxis Grundschule 1997, 2, 18ff.

Schülerduden: Die Mathematik I. Mannheim 2004.

Wittmann, E.: Aktiv-entdeckendes und soziales Lernen im Mathematikunterricht. In: Müller, G.N./ Wittmann, E.: Mit Kindern Rechnen. Frankfurt am Main 1995.

Anhangverzeichnis	Seite

A1: „Knobelgeschichte "

Ich habe am Wochenende mit meinem Neffen Linus telefoniert. Er war ziemlich wütend und aufgeregt, da er sich mit seiner besten Freundin Marie gestritten hat. Beide gehen in die 2.Klasse in einer Schule in der Nähe von Bremen.

Marie hat nämlich immer wieder behauptet, sie hätte ein viel größeres Zimmer als er. Sie hat sich sogar über Linus kleines Spielzimmer lustig gemacht. Linus wiederum wollte das einfach nicht wahrhaben. Er hatte aber auch keine Lust sich mit Marie weiter zu streiten. Er war sich aber ganz sicher, dass sein Zimmer größer sei, als das von Marie. Er fragte mich, ob ich ihm irgendwie weiterhelfen könnte...

Tja, sagte ich mir, klar kann ich dir helfen. Ich habe da doch ganz schlaue Kinder in meiner Mathe-Klasse, die schon so einige Probleme gelöst haben.

Ich bat seinen Vater darum, mir mal eine Zeichnung von der Fläche der beiden Zimmer zu zusenden. Gestern hab ich sie erhalten.

Jetzt bin ich mal gespannt, ob ihr Linus bei der Lösung des Problems behilflich sein könnt.

Welche der beiden Kinder hat denn nun das größere Zimmer?

Welches Zimmer ist größer?

⊕ Versuche herauszufinden, welches der beiden Zimmer größer ist.

Ich/ Wir vermute(n), das Zimmer von _____ ist größer.

Marie

Linus

Das habe(n) ich/ wir herausgefunden:

_____

_____

_____

Name: _____

Welche Flächen sind gleich groß?

① Vermute welche beiden Flächen den gleichen Flächeninhalt haben. ✍ Kreuze in der Tabelle an. ✂ X

② Überprüfe. ✋

Qu _____

Qu _____

Qu _____

③ Lege eine weitere Fläche mit dem gleichen Flächeninhalt. ✋ Klebe sie hier auf.

	✍ Vermutung	✋ Überprüfung

Flächenvergleiche

① Vermute welche beiden Flächen den gleichen Flächeninhalt haben.

② Überprüfe.

_____ Qu

_____ Qu

Zeichne nun zwei verschiedene
Flächen mit dem Flächeninhalt 6 Qu.
Male die Flächen farbig aus! ✎

_____ Qu

Flächenvergleiche

n

① Vermute welche beiden Flächen den gleichen Flächeninhalt haben.

② Überprüfe. 🖐

 Du kannst die Flächen auf deinem Tisch nachlegen.

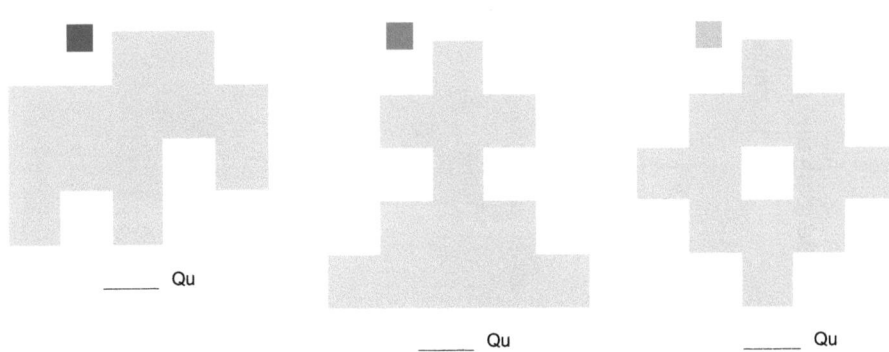

_____ Qu

_____ Qu   _____ Qu

Zeichne nun drei verschiedene Flächen mit dem <u>gleichen</u> Flächeninhalt.

. . . . . .

. . . . . .

. . . . . .

. . . . . .

. . . . . .

. . . . . .

Sind die roten und gelben Flächen gleich groß?

Vermute zuerst.

Lege sie dann mit Maßquadraten aus

und prüfe deine Vermutung.

Sind die roten und gelben Flächen gleich groß?

Vermute zuerst.

Lege sie dann mit Maßquadraten aus

und prüfe deine Vermutung.

Sind die roten und gelben Flächen gleich groß?

Vermute zuerst.

Lege sie dann mit Maßquadraten aus und prüfe deine Vermutung.

Sind die roten und gelben Flächen gleich groß?

Vermute zuerst.

Lege sie dann mit Maßquadraten aus und prüfe deine Vermutung.

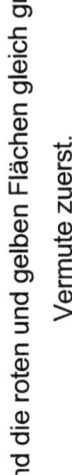

A7: Sitzplan

Tafel

Lehrertisch

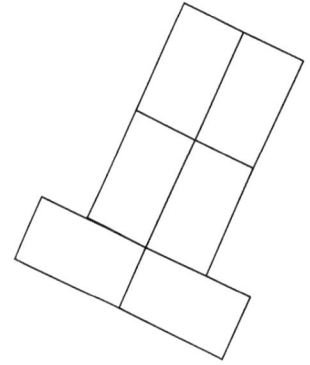

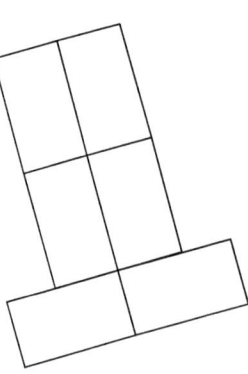

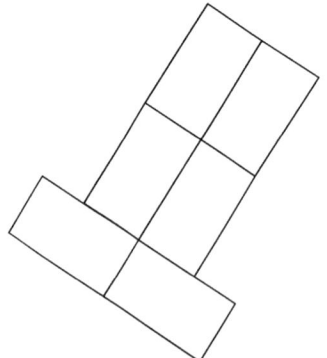

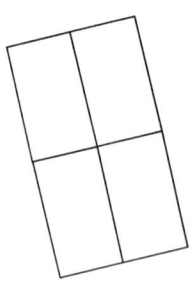

Mathe - Ecke

Hiermit versichere ich, dass ich den Unterricht selbständig vorbereitet und bei der Anfertigung der Entwürfe keine andere als die angegebenen Hilfsmittel benutzt habe.

Hameln, den ....

Unterschrift